BEI GRIN MACHT SICH IHR WISSEN BEZAHLT

Bibliografische Information der Deutschen Nationalbibliothek:

Die Deutsche Bibliothek verzeichnet diese Publikation in der Deutschen National-
bibliografie; detaillierte bibliografische Daten sind im Internet über http://dnb.d-
nb.de/ abrufbar.

Impressum:

Copyright © 2015 GRIN Verlag, Open Publishing GmbH
Druck und Bindung: Books on Demand GmbH, Norderstedt Germany
ISBN: 9783668221512

Dieses Buch bei GRIN:

http://www.grin.com/de/e-book/321439/geometrie-raum-und-form-wuerfelgebaeu-
de-4-klasse-mathematik-foerderschule

Maria Schmidt

Geometrie, Raum und Form: Würfelgebäude (4. Klasse Mathematik, Förderschule)

Prüfungsunterricht zur zweiten Staatsprüfung

GRIN Verlag

GRIN - Your knowledge has value

Der GRIN Verlag publiziert seit 1998 wissenschaftliche Arbeiten von Studenten, Hochschullehrern und anderen Akademikern als eBook und gedrucktes Buch. Die Verlagswebsite www.grin.com ist die ideale Plattform zur Veröffentlichung von Hausarbeiten, Abschlussarbeiten, wissenschaftlichen Aufsätzen, Dissertationen und Fachbüchern.

Besuchen Sie uns im Internet:

http://www.grin.com/

http://www.facebook.com/grincom

http://www.twitter.com/grin_com

Maria Schmidt

Landesinstitut für Schulqualität und Lehrerbildung

Sachsen Anhalt

Staatliches Seminar für Lehrämter Halle

Lehramt an Förderschulen

Unterrichtsvorbereitung

anlässlich des Prüfungsunterrichts zur zweiten Staatsprüfung

Datum: 15. Oktober 2015

Zeit: 8:45 bis 9:30 Uhr

Klasse/Stufe/Lerngruppe: Klasse 4

Schule: FöS mit Ausgleichsklassen

Fach: Mathematik

Inhalt

Einordnung

Thema der Einheit

Der Würfel und seine Eigenschaften

Bereich Raum und Form: Körper

Ziel der Einheit:

Die SchülerInnen unterscheiden geometrische Körper (Würfel, Quader, Kegel, Zylinder, Kugel) aufgrund ihres Erscheinungsbildes, kennen die Eigenschaften des Würfels und sind in der Lage, Baupläne zu Würfelgebäuden zu schreiben sowie Baupläne zu lesen und umzusetzen, *um vorhandene Kenntnisse über geometrische Körper und ihre Eigenschaften zu erweitern, geometrische Begriffe zunehmend sicher zur Erklärung und Beschreibung mathematischer Sachverhalte zu nutzen sowie ihre räumliche Vorstellungskraft vom zweidimensionalen in den dreidimensionalen Raum zu erweitern.*

Sequenzplanung der Einheit siehe Anhang.

Thema der Stunde: Würfelgebäude

Stundentyp: Wiederholungsstunde

Ziel der Stunde: Die SchülerInnen bauen ein Würfelgebäude und schreiben den passenden Bauplan, *um ihr erworbenes Wissen anzuwenden, ihr räumliches Vorstellungsvermögen zu erweitern sowie die erworbenen Fähigkeiten und Fertigkeiten zunehmend zur Erschließung der Umwelt zu nutzen.*

Teilziele der Stunde:

TZ1: Die SchülerInnen übernehmen Dienste in der Klasse, *um die Selbstverantwortung und Selbstwirksamkeit zu erhöhen und aufmerksames, konzentriertes Arbeiten während des Unterrichtsverlaufes zu ermöglichen.*

TZ2: Die SchülerInnen setzen einen Würfel aus Einzelteilen zusammen und benennen die Eigenschaften eines Würfels, *um die geometrische Wahrnehmungsfähigkeit zu stärken und die Bestandteile sowie die Eigenschaften eines Würfels benennen zu können.*

TZ3: Die SchülerInnen bauen ein Würfelgebäude, *um die geometrische Wahrnehmungsfähigkeit zu stärken und die Bauregeln anzuwenden.*

TZ4: Die SchülerInnen schreiben einen Bauplan, *um Baupläne sicher schreiben zu können und ihre räumliche Vorstellungskraft vom zweidimensionalen in den dreidimensionalen Raum zu erweitern.*

TZ5: Die SchülerInnen bearbeiten die Übungsaufgabe selbstständig und nutzen zur Unterstützung selbstständig Tippkarten, *um die selbstständige Organisation von Arbeitsprozessen zu fördern.*

TZ6: Die SchülerInnen nennen Verhaltensregeln im Unterricht und reflektieren ihr Verhalten in Bezug auf den Stundenverlauf und anhand der Klassenregeln, *um eine realistische Selbsteinschätzung eigener Fähigkeiten und Verhaltensweisen anzubahnen.*

Beschreibung der Lerngruppe

In der Klasse 4 lernen derzeit zwei Mädchen und zehn Jungen im Alter von 9 bis 12 Jahren. Sie haben den Förderschwerpunkt sozial-emotionale Entwicklung. Jan, Jason, Darius und Emely haben zusätzlich den Förderschwerpunkt Lernen. Die Lerngruppe wird nach dem Klassenlehrerprinzip nach allgemeinen Rahmenrichtlinien der Grundschule des Landes Sachsen Anhalt unterrichtet und von einer pädagogischen Mitarbeiterin begleitet. Die Klassenleiterin sowie die pädagogische Mitarbeiterin haben mit dem Übergang in die vierte Klasse gewechselt. Auch Paul und Lea lernen seit Beginn des Schuljahres im neuen Klassenverband. Der Mathematikunterricht findet in Form von sechs Wochenstunden im Klassenraum der vierten Klasse statt. Von mir wird die Lerngruppe seit dem 3. Schuljahr in Mathematik unterrichtet. Ich unterrichte alle 6 Stunden in der Woche, zwei davon eigenverantwortlich. Die SchülerInnen akzeptieren mich als Lehr- und Bezugsperson und stehen dem Unterricht aufgeschlossen gegenüber.

Sozialverhalten: Die vierte Klasse ist lebhaft und begegnet den Lehrkräften offen und freundlich. An das neue Pädagogenteam und räumliche sowie strukturelle Änderungen haben sich die SchülerInnen schnell gewöhnt. Die Verhaltensregeln haben die Schüler bereits verinnerlicht, testen die Grenzen innerhalb der neuen Klassenzusammensetzung jedoch neu aus. In der Klasse herrscht ein großes Konfliktpotential. Die SchülerInnen benötigen bei der Lösung dieser Konflikte teilweise intensive Unterstützung von Lehrern und der pädagogischen Mitarbeiterin. Klare Strukturen bei der Lösung von Konflikten sind hilfreich, um die Klasse mehr und mehr an die eigenständige Lösung von Konflikten heranzuführen. Durch die Übergabe von Verantwortung, das klare Aufzeigen von Konsequenzen und Einfordern von regelkonformen Verhaltensweisen gelingt es der Lerngruppe zunehmend, die Lernziele der Stunde trotz bestehender Konflikte in einer ruhigen Atmosphäre zu erreichen. Alle Schüler sind dabei auf regelmäßige Rückmeldungen zu ihrem Arbeits- und Lernverhalten angewiesen.

Lern- und Arbeitsverhalten: Im Mathematikunterricht zeigt sich die Klasse 4 gegenüber neuen Unterrichtsthemen sehr aufgeschlossen und begeisterungsfähig. Die SchülerInnen sind überwiegend bestrebt, aktiv an den Unterrichtsinhalten mitzuwirken und ihr Wissen und ihre Ideen einzubringen. In Abhängigkeit von der Tageszeit und der individuellen Verfassung arbeiten die SchülerInnen motiviert am Unterrichtsgegenstand. Die SchülerInnen verfügen dabei über unterschiedlich lange Konzentrationsspannen, in denen sie ruhig und konzentriert arbeiten können. Werden mathematische Inhalte in spielerischer Form abgehandelt oder zusätzlichen Bewegungsangeboten kombiniert, sind die Lernenden besonders begeisterungsfähig und arbeiten über einen längeren Zeitraum konzentriert und motiviert mit. Während der Arbeitsphasen bemühen sich die SchülerInnen die Aufgabenstellungen zu bewältigen. Sie sind dabei in der Lage, Hilfe von der Lehrerin oder der pädagogischen Mitarbeiterin einzufordern.

Individualziel Kevin

Sozialverhalten:

Kevin ist ein verantwortungsbewusster und höflicher Schüler, der sehr gern am Mathematikunterricht teilnimmt. Er lernt bereits seit dem ersten Schuljahr in der Janusz Korcak Schule in Halle. In der Klassengemeinschaft ist Kevin gut eingebunden und hat zu mehreren Schülern eine freundschaftliche Beziehung aufgebaut. Er wird gerne als Lernpartner bei Partner- oder Gruppenarbeiten gewählt. Kevin kennt die im Unterricht und in der Schule bestehenden Regeln und ist in der Lage sein Verhalten entsprechend dieser Regeln zu regulieren. Konflikten geht Kevin vermehrt aus dem Weg.

Lern- und Arbeitsverhalten:

Arbeitsaufträge erledigt Kevin zielstrebig. Dabei ist er auch in der Lage sich selber Hilfe zu organisieren, da er durch eine Lese-Rechtschreib-Schwäche zeitweise Unterstützung beim Erlesen von Aufgabenstellungen benötigt. Er unterstützt seine Mitschüler in Lernphasen gerne durch sein hilfsbereites Verhalten. Durch die Einbeziehung von Kevin in das Unterrichtsgespräch oder in den Unterrichtsablauf (z.b. durch die Übernahme eines Dienstes) gelingt es Kevin sich phasendurchgängig auf den Unterricht zu konzentrieren.

Im Fach **Mathematik** zeigt Kevin eine große Motivation und Anstrengungsbereitschaft. Er beteiligt sich intensiv an Unterrichtsgesprächen und bereichert diese mit seinen Lösungsvorschlägen. Kevin zeigt dementsprechend ein konzentriertes Arbeitsverhalten, welches durch Lob und Zuspruch noch verstärkt wird. Er ist in der Lage alle geometrischen Körper voneinander und miteinander zu vergleichen. Kevin kann Kantenmodelle eines Würfels sowie Würfelgebäude bauen sowie selbst angefertigte und vorgegebene Baupläne lesen und umsetzen. Gibt man Kevin Formulierungshilfen und Fachbegriffe vor, so ist er ebenfalls in der Lage seine Arbeitsergebnisse zu beschreiben und vorzustellen.

Individualziel: Kevin		
Förderbereich	**Förderziel**	**Förderangebot**
Lern- und Arbeitsverhalten: Konzentration	Kevin konzentriert sich phasendurchgängig auf den Unterrichtsgegenstand.	- Einbeziehung in den Unterrichtsablauf -> Dienst Stundenfahrplanwächter - Verstärkung positiven Verhaltens durch Lob/Ermutigung - pos. Rückmeldung zum Dienst - Kevin wiederholt Aufgabenstellung in Phase W1 - bei Bedarf gezieltes Ansprechen/Einbeziehen in Unterrichtsgesprächen
Mathematik: Kommunizieren/ Argumentieren	Kevin beschreibt seine Vorgehensweisen, Lösungswege und Ergebnisse mit Hilfe mathematischer Fachbegriffe verständlich.	- Kevin beschreibt seine Vorgehensweise beim Bau des Würfels in Phase W1 - Unterstützung bei der Formulierung der Vorgehensweise durch Vorgabe von Begriffen oder Satzstrukturen (Nutzung des Wortspeichers) - vorgegebene Formulierungen nachsprechen lassen - wird Experte in Phase W3 und hilft Sch. durch Erklärungen zum Schreiben eines Bauplans

Individualziel Fabio

Sozialverhalten:

Fabio ist ein extrovertierter, bewegungsaktiver Junge. Er besucht seit 2011 die Janusz-Korczak Schule in Halle. Er lebt gemeinsam mit seinen Eltern in Halle. Fabio artikuliert im Unterricht und in den Pausen deutlich seine aktuelle Befindlichkeit und Interessenlage und tritt dabei sehr dominant auf. Die Klassenregeln kann Fabio richtig benennen. Um die Klassenregeln einzuhalten, braucht Fabio regelmäßige Erinnerungen und intensive Unterstützung und Hilfestellung durch die LehrerInnen und die PM. Auszeiten, vor allem nach bewegungsaktiven Pausen wirken sich mitunter begünstigend auf Fabios Unterrichtsverhalten aus, um eine Basis für die regelkonforme Teilnahme am Unterricht zu gewährleisten.

Lern- und Arbeitsverhalten:

Wenn Fabios Unterrichtsbereitschaft hinreichend gesichert ist, zeigt er sich im Unterricht als sehr leistungsstarker Schüler, der sein Wissen in Unterrichtsgesprächen gern mit seinen Mitschülern teilt. Die Aufmerksamkeitsfokussierung auf den Lerngegenstand wird unterstützt durch die aktive Einbindung seiner Person in das Unterrichtsgeschehen, eine ausreichende Ordnung an seinem Arbeitsplatz sowie zusätzliche verbale/taktile Impulse z.b. das Ansprechen seiner Person. Die räumliche Nähe zur PM oder einer weiteren Lehrperson mit der Möglichkeit der direkten Impulsgebung hilft ihm besonders die Aufmerksamkeit auf den Arbeitsauftrag zu lenken und Unsicherheiten sowie Arbeitsverweigerung vorzubeugen.

Im Fach **Mathematik** ist Fabio in der Lage geometrische Körper voneinander zu unterscheiden und nutzt zum Teil schon mathematische Fachbegriffe (geometrische Flächen) zur Beschreibung. Er kann ein Modell eines Würfels aus Einzelteilen zusammenfügen. Er kann Würfelgebäude selbstständig bauen. Durch die Wiederholung der Vorgehensweise beim Schreiben von Bauplänen gelingt es Fabio vermehrt, die Baupläne zu seinen Würfelgebäuden selbstständig zu erstellen.

Individualziel: Fabio		
Förderbereich	**Förderziel**	**Förderangebot**
Sozialverhalten: Handlungsregulation	Fabio hält sich an die Klassenregel "Ich störe nicht".	-Verantwortung übergeben -> Dienst Ruhewächter (ggf. Erinnerung an seine Verantwortung) - Fabio nennt Klassenregeln in Phase HI -Unterstützung durch PM z.B. körperliche Nähe, Ermutigung bei Bedarf - immanente Verstärkung positiven Verhaltens (Lob) durch L. und PM -Erinnerung an individuelle Absprache (Belohnung: Extra Ruhestein für das Ruheglas)
Mathematik: Baupläne erstellen	Fabio erlangt Handlungssicherheit beim Schreiben von Bauplänen.	- Fabio beschreibt die Schrittfolge beim Erstellen eines Bauplans in Phase W2 - individuelle Hilfestellung durch L. oder PM - Hinweis auf Nutzung der Tippkarten

Sachanalyse

Der Würfel ist ein geometrischer **Körper**, der definiert wird *als "die Menge aller Punkte, Geraden und Ebenen des dreidimensionalen Raumes, die innerhalb eines vollständigen abgeschlossenen Teils dieses Raumes liegen, d.h. innerhalb der Begrenzungsflächen des Körpers."* (vgl. Gellert, 1969) Als Oberfläche wird die Summe aller Begrenzungsflächen bezeichnet. Den durch die Oberfläche vollständig umschlossenen Teil des Raumes nennt man Rauminhalt oder Volumen des Körpers. Körper können von ebenen oder gekrümmten Seitenflächen begrenzt werden. Die Berührungslinie zweier Seitenflächen ist die Kante, ihre Endpunkte sind die Ecken des Körpers, an denen "drei oder mehr Flächen bzw. Kanten zusammenstoßen" (vgl. Hesemann, 1999).

Wird ein Körper ausschließlich von ebenen Flächen begrenzt, so zählt er zur Gruppe der Polyeder. Polyeder sind z.B. Würfel, Quader, Prisma oder die Pyramide. Zu den Körpern, die von gekrümmten Flächen begrenzt werden, zählen z.B. Zylinder oder Kugel.

Der **Würfel** (Abb.1) zählt zur Gruppe der Polyeder, da er nur von ebenen Flächen begrenzt wird. Er hat 8 rechtwinklige Ecken, 12 gleich lange Kanten und 6 quadratischen Seitenflächen. Der Würfel ist somit eine Sonderform des Quaders.

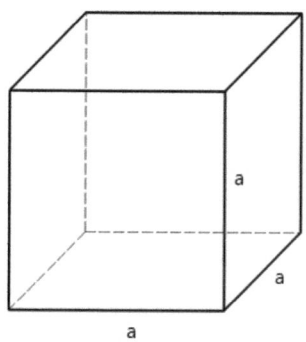

Abb.1 Würfel[1]

Für den Würfel als geometrischen Körper gibt es verschiedene Arten von Modellen: das Massivmodell, das Kantenmodell und das Flächenmodell. Mit dem Würfel als Massivmodell können Würfelgebäude gebaut werden.

Unter einem **Würfelgebäude** versteht man einen Körper, der aus gleich großen Würfeln so zusammengesetzt wurde, dass sich die quadratischen Flächen benachbarter Würfel vollständig berühren.

---

[1] Eigenes Bild nach: http://media.4teachers.de/images/thumbs/image_thumb.1606.png (Stand 05.10.2015)

Bei dem Bau eines vorgegebenen Würfelgebäudes, also der Übersetzung eines zweidimensionalen Würfelgebäudes in die dreidimensionale Perspektive, können Abbildungen von Seitenansichten eine Hilfe darstellen. Eindeutig nachbaubar wird ein Würfelgebäude aber erst durch einen Bauplan.

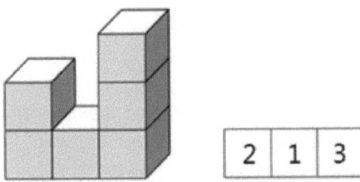

Abb.2 Würfelgebäude und Bauplan[2]

Der **Bauplan** ermöglicht dabei eine eindeutige Zuordnung zum dazugehörigen Würfelgebäude, indem er den Grundriss des Würfelgebäudes angibt und in quadratischen Feldern innerhalb des Grundrisses die Anzahl übereinander stehender Würfel darstellt.

Didaktische Reduktion

Die Eigenschaften des Würfels werden zum besseren Verständnis vereinfacht. In dieser Stunde beschränke ich mich daher auf folgende Eigenschaften des Würfels: 6 quadratische Seitenflächen, 12 Kanten und 8 Ecken. Auf die Kategorisierung des Würfels als besondere Form des Quaders wird zunächst verzichtet.

Unter einem Würfelgebäude wird ein Bauwerk aus gleichgroßen Würfeln verstanden, bei denen die Regeln:

1. Fläche an Fläche
2. Kante an Kante
3. Bauunterlage benutzen
4. Alle Würfel müssen sich berühren

beachtet werden.

---

[2] Eigenes Bild nach http://fraulocke-grundschultante.blogspot.de/2014/02/wurfelgebaude.html und http://3.bp.blogspot.com/-ShG86SMczuI/UwirKva4djI/AAAAAAAAAYc/KYsIc4H3RCg/s1600/3+ABs+W%C3%BCrfelgeb%C3%A4ude.png (Stand 05.10.2015)

Lernvoraussetzungen

Verfahrensbezogene Lernvoraussetzungen

Die SchülerInnen

1. verstehen mündlich erteilte Instruktionen und setzen diese eigenständig um (Instruktionsverständnis).
2. hören dem Lehrer und den Äußerungen anderer Schüler aufmerksam zu (Konzentrationsfähigkeit, Aufmerksamkeit, auditive Wahrnehmung).
3. regulieren ihr Verhalten in den verschiedenen Unterrichtsphasen anhand bestehender Klassenregeln (Soziale Kompetenz).
4. sind bereit, Aufgaben entsprechend ihrer individuellen Fähigkeiten und Fertigkeiten zu lösen (Handlungsbereitschaft, Leistungsbereitschaft).
5. reflektieren ihr Arbeits- und Sozialverhalten kritisch (Reflexionsfähigkeit).

Sachbezogene Lernvoraussetzungen

Die SchülerInnen

6. können Körper beschreiben und miteinander vergleichen.
7. können Kantenmodelle eines Würfels bauen.
8. können Würfelgebäude nach Vorlagen bauen und selbst Baupläne erstellen.
9. können Baupläne von Würfelgebäuden lesen.
10. können ihre Vorgehensweisen, Lösungswege und Ergebnisse beschreiben und anderen mit Hilfe mathematischer Fachbegriffe verständlich mitteilen.

Individuelle Lernausgangslage

Name	1.	2.	3.	4.	5.	6.	7.	8.	9.	10.
Jan	-	-	0	0	-	0	0	-	-	-
Fabio	+	0	-	0	0	+	+	-	+	-
Emely	0	0	0	0	0	0	0	0	0	-
Lea	+	+	+	+	+	+	+	0	+	0
Darius	0	-	-	0	0	0	0	0	0	-
Kevin	+	+	+	+	+	+	+	+	+	-
Paul	+	0	0	0	0	+	+	+	+	0
Lukas	+	0	0	+	0	+	+	+	+	0
Jonas	+	+	+	+	+	+	+	+	+	0
Jason	0	0	0	0	0	0	+	0	0	-
Lucas	+	+	+	+	+	+	+	+	+	0
Toni	+	0	-	-	-	+	+	+	+	0

+ besitzt die Lernvoraussetzung / 0 mit Unterstützung / - mit intensiver Hilfe

Didaktisch-methodisches-Konzept

Didaktische Überlegungen

Die SchülerInnen der vierten Klasse werden im Fach Mathematik nach dem **Fachlehrplan** unterrichtet. Eine der wichtigsten Aufgaben des Mathematikunterrichts ist es, dass die Schülerinnen und Schüler mathematische Kompetenzen erwerben sollen, die sie in die Lage versetzen, Anforderungssituationen sowohl im Mathematikunterricht als auch in ihrer unmittelbaren Lebensumwelt zunehmend selbstständig zu bewältigen. (KMK, Lehrplan Grundschule Mathematik, S.5). Aus diesem Grund zielt die vorliegende Stunde darauf ab, dass die SchülerInnen ihre Kompetenzen bezüglich des Umgangs mit dem Würfel, Würfelgebäuden und ihren Bauplänen festigen und erweitern.

Indem die SchülerInnen Eigenschaften und Bestandteile eines Würfels benennen, einen Bauplan zu einem Würfelgebäude schreiben sowie ein Würfelgebäude nach einem Bauplan bauen können, werden die **Fachlichen Kompetenzen** im Bereich Raum und Form der Lerngruppe reaktiviert und erweitert (vgl. KMK Lehrplan Mathematik, S. 13 f.). Durch die sprachliche Außeinandersetzung mit einem Partner über die Umsetzung eines selbstständig angefertigten Bauplans zu einem selbst entworfenen Würfelgebäudes, sowie dem Austausch von Lösungsstrategien und der Begründung von Lösungsideen wird vor allem die **Prozessbezogene Kompetenz** Kommunizieren und Argumentieren in dieser Stunde geschult (vgl.KMK Lehrplan Mathematik, S.7). Die Inhalte stimmen ebenfalls mit dem schulinternen Lehrplan überein.

Innerhalb der **Unterrichtseinheit** befinden sich die Schüler in der dritten von vier Sequenzen. In den vorangegangenen Sequenzen wurden zunächst mathematische Fachbegriffe, wie Geraden, Strecken und Punkte wiederholt und deren mögliche Lagebeziehungen (parallel, senkrecht) erarbeitet. In der aktuellen Sequenz wurden bisher die Eigenschaften von Dreiecken und Vierecken unter Verwendung der mathematischen Fachbegriffe thematisiert. In dieser Sequenz wurden geometrische Flächen mit Material gelegt und ausgelegt sowie mit Hilfe von Zeichengeräten dargestellt. In der folgenden Sequenz wird das Parallelogramm als weiteres, besonderes Viereck behandelt. Die Einheit schließt mit einer Lernzielkontrolle ab.

Da die SchülerInnen durch den Bau eines eigenen Würfelgebäudes mit einer höheren Anzahl von Holzwürfeln und dem Schreiben eines passenden Bauplans ihr bereits erworbenes Wissen erweitern und festigen, handelt es sich um eine **Wiederholungsstunde**.

Die Stundenplanung folgt dem **Konzept der Lernzielorientierung**, denn durch die angegebenen Lernziele wird der Lernprozess der SchülerInnen organisiert und strukturiert. Die Lernziele knüpfen dabei an die Fähigkeiten der SchülerInnen an, die in den vorangegangenen Sequenzen erarbeitet wurden und sind prozess- bzw. ergebnisorientiert. Das Konzept der Lernzielorientierung wurde gewählt, um den SchülerInnen Einsicht in die Lernziele zu gewähren und ihnen Sicherheit und Orientierung während des Unterrichtsverlaufs zu bieten.

Die Lebenswelt der Schülerinnen und Schüler wird in großem Maße durch geometrische Flächen und Körper bestimmt, in der sie sich unbewusst mit ihren Eigenschaften auseinandersetzen. So werden Lebensmittel vorrangig in Pappkartons oder Dosen verpackt, die die Form eines Quaders oder eines Zylinders aufweisen. Auch der Bau von Gebäuden folgt geometrischen Prinzipien. Die Lerninhalte des Geometrieunterricht sollen den SchünerInnen helfen, Fähigkeiten zu entwickeln, die ihnen zunehmend beiErschließung ihrer Umwelt helfen. Die Auseinandersetzung mit Würfelgebäuden und ihren Bauplänen kann diese Entwicklung unterstützen. Bei der Darstellung eines Würfelgebäudes in Form eines Bauplans wird die Dreidimensionalität eines Gegenstandes in die Zweidimensionalität übertragen. Somit unterstützt der Geometrieunterricht die Umwelterschließung und hat demnach eine unmittelbare **Gegenwarts- und Zukunftsbedeutung** für die SchülerInnen.

Die **Einzelarbeit** bietet dabei jedem/jeder SchülerIn die Möglichkeit, die individuelle visuelle Wahrnehmung zu stärken und die Idee für ein eigenes Würfelgebäude zu entwickeln sowie diese umzusetzen.

Verlaufsplanung der Stunde siehe Anhang.

Anhang

Unterrichtsmaterial:

- Unterlage Bauplan und Holzwürfel
- Arbeitsblatt Bauplan
- Geomag
- Tippkarten/Joker
- Zusatzaufgaben
- Wortspeicher
- Lernweg Geometrie (Visualisierung der Einheit)
- Bauregeln
- Bild "Schiefes Haus"
- Token "Ruheglas"

Tafelbilder inkl. Stundenfahrplan

Übersicht für die pädagogische Mitarbeiterin

Sitzplan

Schülerbeschreibungen

Literaturverzeichnis

- Bildquellen

Verlaufsplanung der Stunde

Sequenzen der Unterrichtseinheit

Unterrichtsmaterial

Unterlage Bauplan und Holzwürfel:

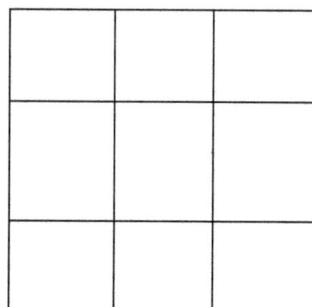

Bauunterlage 2x3   Bauunterlage 3x3

<u>Differenzierung:</u>

Jan: Bauunterlage 2x3 und 10 Holzwürfel

Emely, Darius, Jason: Bauunterlage 3x3 und 12 Holzwürfel

Kevin, Lucas, Paul, Toni, Fabio, Jonas, Lukas, Lea: Bauunterlage 3x3 und 20 Holzwürfel

15

Arbeitsblatt Bauplan:

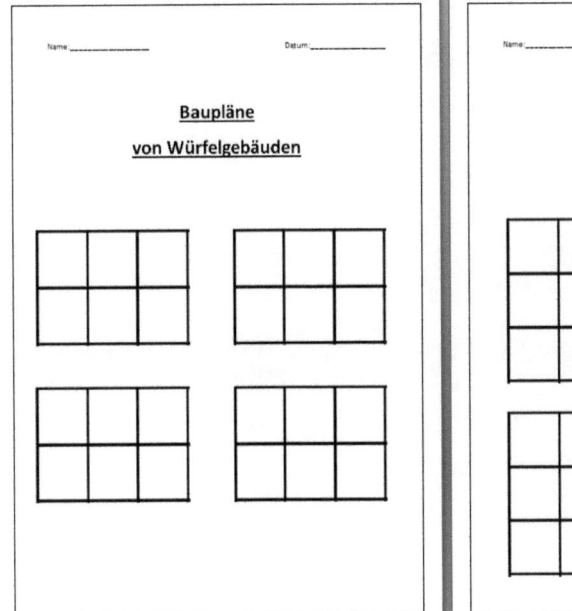
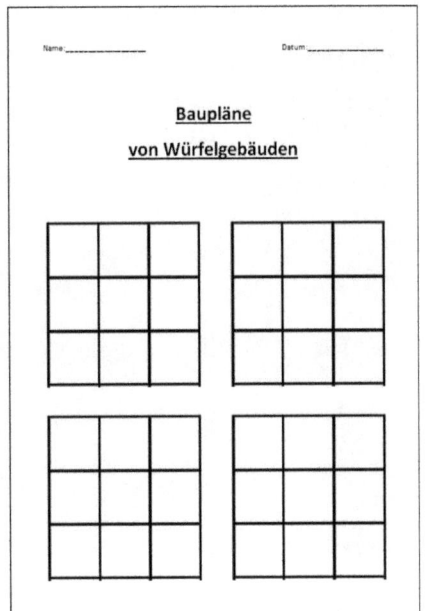

Geomag:

Kantenmodell eines Würfels aus magnetischen Einzelteilen

Tippkarten[3]:

Joker[4]:

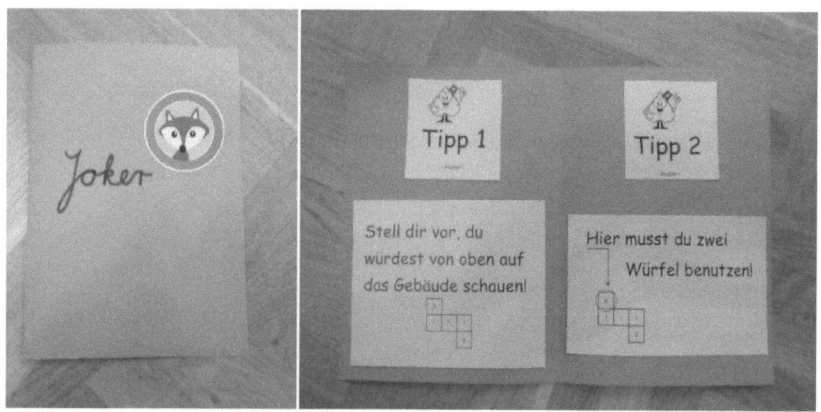

Differenzierung für Emely, Darius, Jan und Jason

---

[3] Eigenes Material nach: http://pikas.dzlm.de/upload/Material/Haus_7_-_Gute_-_Aufgaben/UM/Bauen_mit_Wuerfeln/Schueler-Material/Einheit_3/H7_Wuerfel_Tipp-Karten.pdf (Stand 03.10.2015)
[4] ebd.

Zusatzaufgabe Domino mit Würfelgebäuden

nach http://www.mathemonsterchen.de/wuerfelbauten.html und http://www.mathemonsterchen.de/mediapool/107/1074893/data/Dateien_ab_April/Domin oBauplaene.pdf (Stand 05.10.2015)

Aufgabe: Ordne dem Würfelgebäude den passenden Bauplan zu!

Zusatzaufgabe Körper zählen: Differenzierung für Jan

nach http://www.zaubereinmaleins.de (Stand 05.10.2015)

Aufgabe: Zähle die Klötze und trage die Anzahl ein!

Zusatzaufgabe Baupläne zuordnen:

nach http://www.mathemonsterchen.de/wuerfelbauten.html sowie http://www.mathemonsterchen.de/mediapool/107/1074893/data/Dateien_ab_April/Wuerf elbauten02rot.pdf und http://www.mathemonsterchen.de/mediapool/107/1074893/data/Dateien_ab_April/Wuerf elbauten03rot.pdf (Stand 05.10.2015)

Aufgabe: Ordne dem Bauplan das passende Würfelgebäude zu!

Erhöhter Schwierigkeitsgrad, da die Würfelgebäude aus mehr Würfeln bestehen.

Selbstkontrolle durch beschriftete Rückseite

Wortspeicher:

nach http://pikas.dzlm.de/material-pik/herausfordernde-lernangebote/haus-7-unterrichts-material/bauen-mit-wrfeln/index.html und http://pikas.dzlm.de/upload/Material/Haus_7_-_Gute_-_Aufgaben/UM/Bauen_mit_Wuerfeln/Lehrer-Material/Einheit_1/H7_Wuerfel_Wortspeicher.pdf (Stand 03.10.2015)

18

Lernweg Geometrie (Visualisierung der Einheit):

1. Körper

2. Der Würfel und seine Eigenschaften

3. Würfelgebäude und ihre Baupläne

4. Schule als Würfelgebäude nachbauen (Ziel)

Darstellung in Bilderrahmen mit Beschriftung

Bauregeln:

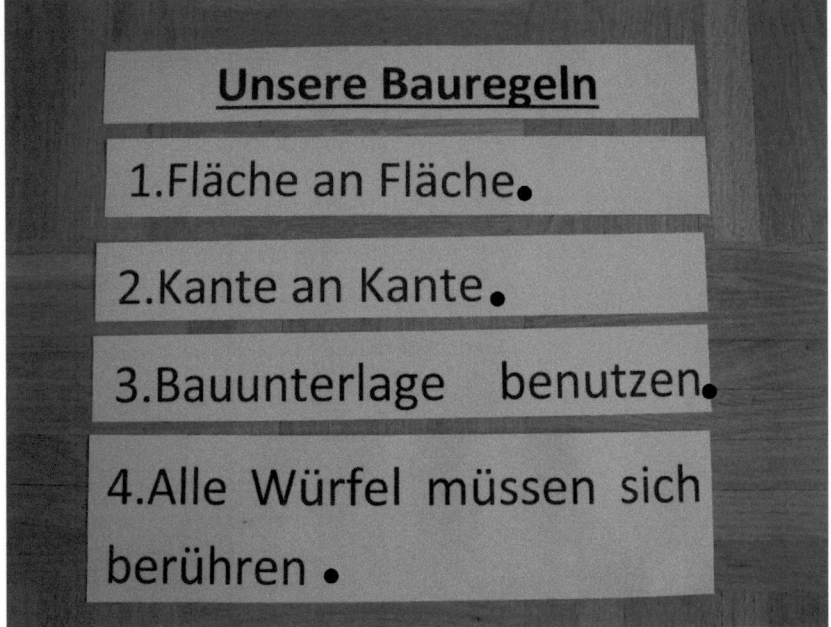

Bild "Schiefes Haus" :

Quelle: http://images.blog.edelight.de/edelight-magazin/Mi-Sa/Art/Haeuserklotze/Schiefes-Haus.jpg (Stand 03.10.2015)

Tafelbilder (inkl. Stundenfahrplan)

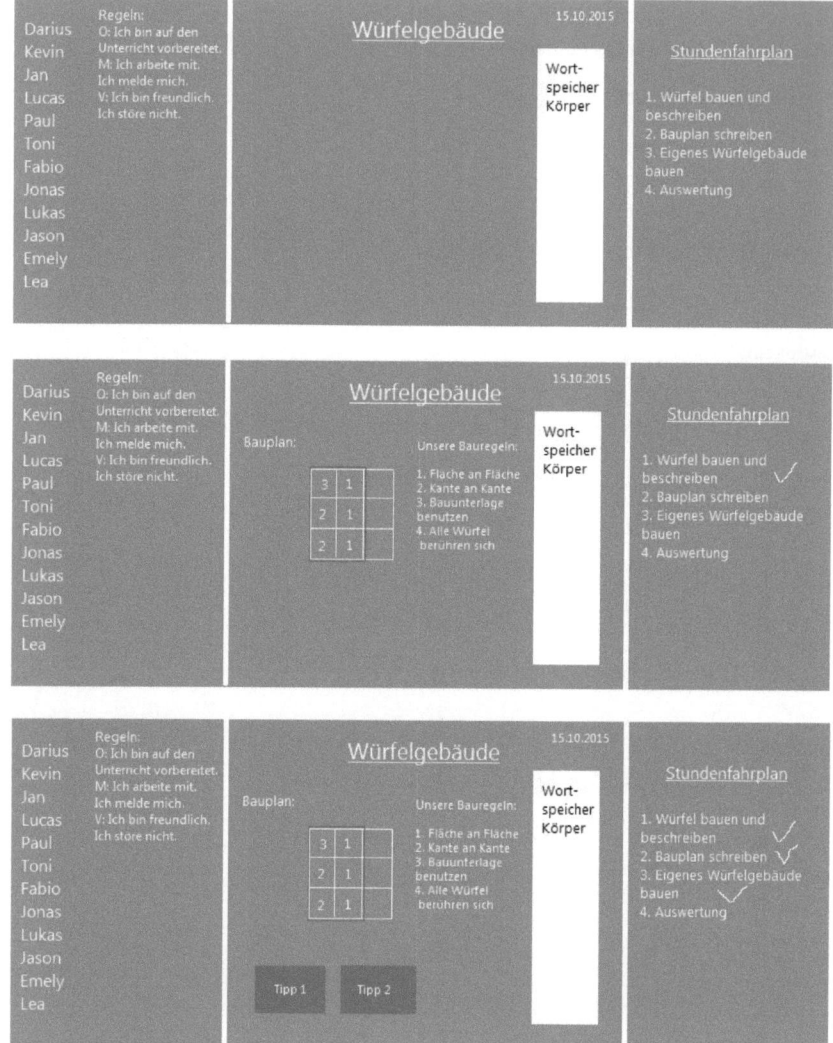

Stundenfahrplan (rechts):

1. TÜ: Würfel bauen und beschreiben
2. Tafelarbeit: Bauplan schreiben
3. Übung: eigenes Würfelgebäude bauen
4. Auswertung

Token "Ruheglas":

Sitzplan:

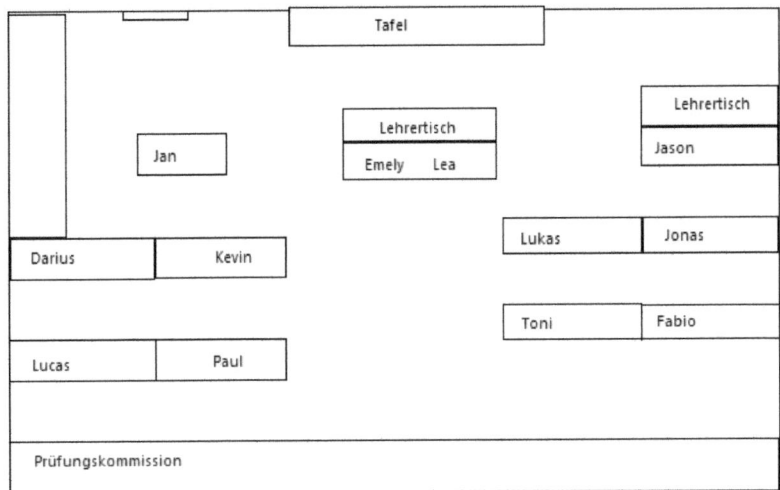

Übersicht für die pädagogische Mitarbeiterin

Phase	Pädagogischer Impuls
Vorbereitung	- SchülerInnen beobachten und bei Bedarf Impuls geben ihren Arbeitsplatz vorzubereiten oder Hilfestellung dabei geben
Hinführung	- richtet Blick auf SchülerInnen um Unterrichtsstörungen z.b. durch überflüssige Gegenstände am Arbeitsplatz vorzubeugen - IZ2 weist ggf. Fabio daraufhin seinen Arbeitsplatz aufzuräumen und unnötige Gegenstände zu entfernen - SchülerInnen nonverbal beruhigen - erinnert SchülerInnen ihre Aufmerksamkeit auf den Unterrichtsgegenstand zu richten
Wiederholung 1 (TÜ)	- IZ1 erinnert Kevin ggf. an seinen Job als Stundenfahrplanwächter und motiviert ihn diesen auszuführen - gibt Hilfestellung bei der Bewältigung der TÜ durch Hinweis die Bestandteile eines Würfels oder der Vorgabe der quadratischen Grundfläche - gibt positive Rückmeldungen bei richtiger Herstellung des Kantenmodells (besonders Kevin und Fabio IZ1/IZ2) - wendet sich (wenn nötig) Fabio zu um ihn zu motivieren/ zu ermutigen dem Unterricht leise zu folgen
Wiederholung 2 (Tafelarbeit)	- erinnert SchülerInnen ihre Aufmerksamkeit auf den Unterrichtsgegenstand zu richten und genau zuzuhören - erinnert Ruhewächter ggf. an sein Amt IZ2 - lobt positives Verhalten
Wiederholung 3 (Übung)	- gibt Jan intensive Hilfestellung bei der Bewältigung der Übung und erklärt ihm ggf. nochmal den Arbeitsauftrag - weist Sch. auf selbstständiges Arbeiten durch Tippkarten hin - erinnert SchülerInnen ihre Aufmerksamkeit auf den Unterrichtsgegenstand zu richten (besonders Kevin IZ1) - gibt Hilfestellung beim Schreiben des Bauplans z.B. durch die Visualisierung der Vorgehensweise anhand eines Beispiels - gibt positive Rückmeldungen bei Lernerfolgen der SchülerInnen - erinnert SchülerInnen daran leise zu arbeiten bzw. am dem Token "Ruheglas"
Zusammenfassung (Auswertung)	- hilft bei Bedarf Ordnung auf den Arbeitsplätzen der SchülerInnen zu schaffen - gibt bei Bedarf Impulse an SchülerInnen leise zu sein - hilft SchülerInnen und Lehrerin bei der Einschätzung des Verhaltens zur Punktevergabe am Ende der Stunde - gibt SchülerInnen Hilfestellungen beim Eintragen der Punkte in den Tokenhefter, durch das Aufzeigen der richtigen Spalte oder Wiederholung der Punkte

Schülerbeschreibungen

Lukas

Sozialverhalten

Lukas ist ein freundlicher und aufgeschlossener Schüler. Er lebt gemeinsam mit seinen Eltern in Halle/Saale und besucht bereits seit dem ersten Schuljahr diese Schule. Den Lehrern und der PM gegenüber verhält sich Lukas zuvorkommend und freundlich. Um Konflikte zu lösen und sich sein Fehlverhalten einzugestehen, benötigt Lukas noch Hilfe durch Erwachsene. Regelmäßige Rückmeldungen zu seinem Sozialverhalten in den Stunden- und Pausenauswertungen wirken sich positiv auf seinen Umgang mit Konflikten aus. Die Regeln und Rituale der Klasse und des Mathematikunterrichts sind ihm bekannt und es gelingt ihm, sich in Anwesenheit eines Erwachsenen an diese zu halten.

Lern- und Arbeitsverhalten

Lukas ist bestrebt dem Unterrichtsverlauf aufmerksam und konzentriert zu folgen. Durch intensive Unterstützung gelingt es Lukas dem Unterricht zu folgen ohne zu träumen oder mit Unterrichtsmaterialien zu spielen. Gezieltes Ansprechen hilft ihm dabei schnell wieder zurück zum Unterrichtsgegenstand zu finden. Die Einbindung seiner Person in den Unterrichtsverlauf wirkt sich daher positiv auf seine Aufmerksamkeit und Konzentration gegenüber dem Unterrichtsgegenstand aus. Mündlich erteilte Arbeitsaufträge kann Lukas gezielt umsetzen. Hilfe fordert er dabei selbstständig ein. Er ist bemüht die Aufgaben ordentlich zu bearbeiten und bringt damit eine hohe Anstrengungsbereitschaft bei der Bearbeitung der Aufgaben auf.

Im Fach **Mathematik** beteiligt sich Lukas gern am Unterrichtsgeschehen. Lukas kann Körper Beschreiben und anhand ihres Erscheinungsbildes miteinander vergleichen. Er kann mit Hilfe des Geomag ein Modell eines Würfels erstellen. Lukas baut Würfelgebäude nach Vorlage, erstellt passende Baupläne und liest Baupläne von Würfelgebäuden richtig. Seine Beschreibungen und Erklärungen sachlogisch und mathematisch korrekt zu formulieren, gelingt ihm durch kleine Hilfestellungen z.B. die Vorgabe von Satzstrukturen seitens der Lehrkräfte immer häufiger.

Jason

Sozialverhalten:

Jason ist ein lebhafter Junge mit einem hohen Bewegungsdrang. Jason lebt getrennt von seinen Geschwistern und seinen Eltern im Heim.

Die Klassenregeln kann Jason benennen und er nimmt sich bewusst vor, die Regeln einzuhalten. Die Regeleinhaltung kann mittels immanenter und wiederholter Erinnerung an die Regeln sowie räumlicher Nähe unterstützt werden. Jason genießt die Aufmerksamkeit von Lehrerinnen oder der PM. Eine persönliche Unterstützung hilft ihm daher in fordernden Situationen die Ruhe zu bewahren.

Jason schätzt seine Fähigkeiten häufig schlecht ein. Zur Stärkung seines Fähigkeitsselbstkonzepts sowie seines Selbstwertgefühls ist häufiger, individueller Zuspruch, Lob und das kontinuierliche Verdeutlichen seines Lernerfolgs bedeutsam.

Lern- und Arbeitsverhalten:

Jason hat neben dem emotional/sozialen Förderschwerpunkt auch Förderbedarf im Bereich Lernen und wird daher untercurricular unterrichtet. Jason versteht mündliche und visuelle Arbeitsanweisungen und kann sie richtig umsetzen. Er kann über einen kurzen Zeitraum konzentriert arbeiten. Durch direkte Ansprache, klare und kurze Anweisungen und individuelle Zuwendung steigt seine Leistungsbereitschaft im Unterricht.

Im Fach **Mathematik** arbeitet Jason mündlich und schriftlich mit und beteiligt sich am Unterricht. Mathematische Sachverhalte sachlogisch und verständlich zu formulieren fällt Jason schwer. Die Visualisierung von Fachbegriffen z.B. durch einen Wortspeicher kann daher unterstützend wirken. Jason unterscheidet die geometrischen Körper anhand ihres Erscheinungsbildes und bennent die entsprechenden Fachbegriffe mit Unterstützung der Lehrkräfte (z.B. durch den Hinweis auf Eselsbrücken). Jason kann ein Kantenmodell eines Würfels herstellen. Die individuelle Auseinandersetzung mit dem Baumaterial wirkt sich dabei positiv auf Jasons Arbeitsverhalten aus. Beim Bau von Würfelgebäuden, Erstellen und Lesen von Bauplänen gelingt es Jason mit der Visualisierung der Bauregeln sowie der Bautipps richtige Arbeitsergebnisse zu erzielen.

Darius

Sozialverhalten:

Darius ist ein fröhlicher und aufgeschlossener Schüler, der gern in die Schule geht. Er lebt gemeinsam mit seinen zwei kleineren Geschwistern und seiner Schwester bei der Mutter und ihrem Lebensgefährten.

Darius bemüht sich die Klassenregeln einzuhalten und lässt sich bei der Einhaltung zum Teil auch durch Pädagogen unterstützen.

Darius ist gut im Klassenverband integriert und wird von seinen Klassenkameraden akzeptiert. Dies zeigt sich unter anderem in der Wahl des Klassensprechers. Er sucht während des Schulalltags aktiv Kontakt zu seinen Mitschülern und auch zu seinen Lehrern und der PM. Darius ist ein sehr hilfsbereiter Schüler, der seine Mitschüler gerne unterstützt und Verantwortung in Form von Klassendiensten gerne übernimmt.

Konfliktsituationen kann Darius mit intensiver Hilfe von den Pädagogen der Schule in den meisten Fällen bewältigen.

Lern- und Arbeitsverhalten:

Darius hat neben dem emotional/sozialen Förderschwerpunkt ebenfalls einen Förderbedarf im Bereich Lernen und wird daher auch untercurricular unterrichtet. Darius kann sich kurze Zeit auf den Lerngegenstand konzentrieren ohne sich ablenken zu lassen oder seine Aufmerksamkeit auf andere Dinge zu richten. Seine Aufmerksamkeit kann aber durch abwechslungsreiche Unterrichtsphasen und einen an seine Interessen gebundenen Unterricht wieder auf den Lerngegenstand gerichtet werden. Bei Misserfolgen neigt Darius dazu die Arbeit am Unterrichtsgegenstand zu unterbrechen. Durch Lob und Ermutigung durch die Pädagogen kann einem Arbeitsabbruch aber häufig vorgebeugt werden.

Er beteiligt sich im Fach **Mathematik** oft aktiv am Unterricht. Zusätzliche Erläuterungen durch den Lehrer oder die PM helfen Darius Arbeitsaufträge zu verstehen und diese zeitnah auszuführen. Darius kann Körper aufgrund ihres Erscheinungsbildes unterscheiden und mit Unterstützung z.B. die Vorgabe von Kriterien miteinander zu vergleichen. Mit Hilfestellungen durch die Lehrkraft oder PM gelingt es ihm Würfelgebäude zu bauen, Baupläne zu erstellen sowie Baupläne richtig umzusetzen. Durch intensive Unterstützung z.B. durch die Vorgabe von Fachbegriffe und Satzstrukturen ist Darius in der Lage seine Vorgehensweise oder Lösungswege sachlich richtig zu beschreiben. Hilfeangebote wirken sich daher Positiv auf sein Lernverhalten aus.

Jan

Sozialverhalten:

Jan ist ein zurückhaltender, schüchterner Junge. Er besucht seit 2012 die Janusz-Korczak Schule in Halle. Jan lebt mit zwei jüngeren Geschwistern bei seinen Eltern. In der Schule sucht Jan Kontakt zu LehrerInnen, der PM oder seinen Mitschülern.

Zur Stärkung seines Fähigkeitsselbstkonzepts sowie seines Selbstwertgefühls ist häufiger, individueller Zuspruch, Lob und das kontinuierliche Verdeutlichen seines Lernerfolgs bedeutsam. Die Klassenregeln kann Jan benennen und nimmt sich bewusst vor, die Regeln einzuhalten. Die Regeleinhaltung kann mittels immanenter und wiederholter Erinnerung an die Regeln, räumliche Nähe sowie das konsequente Visualisieren von Regelverstößen (z.B. Strich an der Tafel bei Zwischenquatschen) unterstützt werden.

Lern- und Arbeitsverhalten:

Jan hat neben dem emotional/sozialen Förderschwerpunkt ebenfalls einen Förderbedarf im Bereich Lernen und wird daher untercurricular unterrichtet. Jan zeigt bei immanentem persönlichen Zuspruch sowie mittels intensiver Hilfestellung Anstrengungsbereitschaft im Unterricht. Das aktive Zuhören und aufmerksame Verfolgen des Unterrichtsgeschehens kann durch intensive Hilfe begünstigt werden (z.B. durch immanente Erinnerung an die Klassenregeln oder taktile Impulse). Mit intensiver Hilfestellung z.B. Visualisierungen oder erneute Erklärungen durch die PM gelingt es Jan Arbeitsaufträge umzusetzen.

Im Fach **Mathematik** arbeitet Jan nach Aufforderung mündlich und schriftlich mit, ist jedoch häufig unsicher bei mündlichen Redebeiträgen. Zusätzliche Ermunterung ist daher bedeutsam für Jan. Er unterscheidet geometrische Körper aufgrund ihres Erscheinungsbildes voneinander und erkennt diese auch in der Umwelt wieder, benötigt aber weitere Übungsmöglichkeiten um ihnen ihren Fachbegriff zuzuordnen bzw. Fachbegriffe zu verwenden. Erhält Jan eine abgezählte Menge von Bauteilen, so gelingt es ihm ein Kantenmodell eines Würfels zu bauen. Handlungsorientierte Angebote ermöglichen Jan dabei sich in Ruhe mit dem Unterrichtsgegenstand zu beschäftigen und Einsichten in das Unterrichtsthema zu erlangen. Durch die Vorgabe der Handlungsschritte durch die Lehrkraft oder die PM sowie die Visualisierung der Handlungsschritte beim Bauen mit Würfelgebäuden gelingt es Jan zum Teil Würfelgebäude zu bauen, Baupläne zu erstellen und zu lesen.

Emely

Sozialverhalten

Emely ist eine aufgeweckte und freundliche Schülerin. Sie besucht bereits seit dem ersten Schuljahr diese Schule.

Emely kennt die Klassenregeln und es gelingt ihr diese, je nach emotionaler Lage, zunehmend eigenständig einzuhalten. Durch die Übergabe von Verantwortung, das klare Aufzeigen von Konsequenzen und Einfordern von regelkonformen Verhaltensweisen schafft sie es vermehrt, sich zurückzunehmen und ihr Verhalten, entsprechend der Unterrichtssituation, zu regulieren. Ihren Mitschülern gegenüber tritt sie freundlich auf und kommt daher in der Klassengemeinschaft gut zurecht. Sie benötigt zur Konfliktlösung meist die Hilfe Erwachsener und nimmt diese bereitwillig an.

Arbeitsverhalten

Emely beteiligt sich gerne am Unterricht. Sie hat neben dem emotional/sozialen Förderschwerpunkt auch Förderbedarf im Bereich Lernen und wird daher untercurricular unterrichtet. Durch eine strukturierte, kleinschrittige Unterrichtsplanung kann die Überforderung bzw. Frustration von Emely vermieden und somit ihre Motivation aufrecht erhalten werden, auch wenn sie die Aufgaben nicht im vollem Umfang erledigen kann. Ihr gelingt es vermehrt durch die Unterstützung der Pädagogen die Arbeit nicht abzubrechen, wenn sie sich überfordert fühlt und nicht schnell zu einem Arbeitsergebnis gelangt.

Strukturierte und klar formulierte Aufgaben helfen Emely, ihren Fokus während des Unterrichts auf das Wesentliche zu lenken. Zusätzliches Erläutern von Aufgabenstellungen unterstützen sie bei der Absicherung des Aufgabenverständnisses. Zur Verinnerlichung des Lernstoffes benötigt Emely zahlreiche Übungsmöglichkeiten und Anschauungsmaterialien.

Emely ist dem Fach **Mathematik** gegenüber aufgeschlossen. Die Unterschiede und Begriffe von geometrischen Körpern erfasst Emely mit Hilfestellungen. Um die Unterschiede zu beschreiben nutzt Emely kaum mathematische Fachbegriffe. Für sie ist es daher bedeutsam Fachbegriffe zu visualisieren und diese stets zu wiederholen. Durch die Erinnerung an die Bauregeln und Wiederholung von Handlungsschritten beim Erstellen eines Bauplans gelingt es Emely Würfelgebäude zu bauen, Baupläne zu erstellen und zu lesen.

Lea

Sozialverhalten

Lea ist ein aufgeschlossenes, selbstbewusstes Mädchen. Sie lebt gemeinsam mit ihren Mutter und einigen ihrer Geschwister in Halle. Lea ist erst seit diesem Schuljahr ein Teil der Klasse 4. Zuvor besuchte sie eine Förderschule in Bayern (Kulmbach).

Sie hat sich nach dem Schulwechsel sowie ihrem Umzug schnell in die Klassengemeinschaft eingefügt, da sie aktiv den Kontakt zu ihren Klassenkameraden sucht. Auch die Klasse hat Lea herzlich empfangen und sie nach wenigen, gemeinsamen Wochen zur stellvertretenden Schülersprecherin gewählt

Lea kennt die bestehenden Klassenregeln und kann ihr Verhalten entsprechend regulieren. Nach Konflikten ist Lea in der Lage, sich zu entschuldigen und ihr Verhalten zu reflektieren. Lea geht bei Konflikten zwischen ihren Klassenkammeraden dazwischen und gibt ihnen bei der Lösung ihrer Konflikte verbale Hilfestellungen.

Arbeitsverhalten

Lea arbeitet motiviert im Unterricht mit. Sie beteiligt sich gern an Unterrichtsgesprächen und bringt ihr fachbezogenes Vorwissen ein. Die Wiederholung der Fragestellung hilft Lea die passende Antwort zu geben. Lea gelingt es eine hohe Anstrengungsbereitschaft und Konzentration aufzubringen.

Im Fach **Mathematik** ist Lea in der geometrische Körper zu erkennen, zu unterscheiden und zu beschreiben. Dabei nutzt sie teilweise Fachbegriffe. Sie kann ein Kantenmodell eines Körpers bauen. Der Bau eines Würfelgebäudes sowie das Schreiben eines Bauplans gelingt ihr nach der Wiederholung der Bauregeln sowie die Erinnerung an die Schreibweise eines Bauplans. Lea kann Baupläne lesen und diese umsetzen.

Jonas

Sozialverhalten

Jonas ist ein freundlicher, ruhiger Junge. Er lebt allein bei der Mutter und besucht auf ihren Wunsch hin diese Schule.

Jonas lernt seit Anfang des Schuljahres gemeinsam mit der Klasse 4. Er hat sich schnell in seine neue Klasse integriert und wird von seinen Klassenkammeraden akzeptiert und gerne als Spielpartner gewählt. Jonas kennt die bestehenden Klassenregeln und hält sich an diese. Sein Verhalten reflektiert er in den Stunden- und Pausenauswertungen kritisch. Konfliktsituationen geht er aus dem Weg und ist außerdem bemüht andere SchülerInnen bei der Lösung ihrer Konflikte zu helfen. Jonas ist sehr hilfsbereit und bietet anderen von sich aus Hilfe an. Klassendienste übernimmt Jonas verantwortungsvoll und zuverlässig.

Lern- und Arbeitsverhalten

Jonas beteiligt sich gerne an Unterrichtsgesprächen und folgt dem Unterricht besonders aufgeschlossen, konzentriert und aufmerksam. Er bearbeitet Arbeitsaufträge zügig und motiviert ohne zusätzliche Aufforderungen. Konzentriertes Zuhören und Arbeiten gelingt ihm trotz Unterrichtsstörungen. Im Unterricht arbeitet Jonas sehr selbstständig und braucht daher kaum Unterstützung durch die Lehrkräfte und die Pädagogische Mitarbeiterin.

Im Fach **Mathematik** zeigt sich Jonas stets äußerst lernwillig und anstrengungsbereit. Er ist in der Lage geometrische Körper anhand ihrer Merkmale zu unterscheiden und nutzt dabei zum Teil schon Fachbegriffe. Die Unterschiede präzise zu formulieren fällt ihm teilweise schwer. Pädagogische Impulse unterstützen ihn daher, Fachbegriffe sicher anzuwenden, um die geometrischen Körper richtig zu beschreiben. Jonas kann Würfelgebäude nach Vorgabe bauen, Baupläne selbstständig schreiben und lesen.

Lucas

Sozialverhalten

Lucas ist ein neugieriger, aufgeschlossener Schüler. Er lebt gemeinsam mit seiner Mutter in Halle.

Lucas kennt die Klassenregeln und ist bemüht, sich an ihnen während des Schulalltages zu orientieren. Er ist bemüht alle geforderten Regeln umzusetzen und auch versucht seine Mitschüler dazu anzuhalten. Er ist ein fester Bestandteil der Klassengemeinschaft und wird von seinen Mitschülern als Teil der Klasse akzeptiert. Auf Provokationen reagiert Lucas sehr impulsiv.

Lucas sucht intensiv den Kontakt zu den Pädagogen und genießt dabei die Aufmerksamkeit der Erwachsenen. Vor allem in den Pausen ist Lucas immer mal wieder in Konflikte mit seinen Mitschülern verwickelt und benötigt zur Konfliktlösung meist Hilfe. Diese fordert er stets bei den anwesenden Erwachsenen ein.

Lern- und Arbeitsverhalten

Lucas besitzt eine gute Auffassungsgabe, die es ihm ermöglicht Unterrichtsinhalte schnell zu erfassen und zu bearbeiten. Er beteiligt sich intensiv am Mathematikunterricht. Seine Arbeitsergebnisse präsentiert Lucas mit Stolz sehr gerne auch unaufgefordert vor der Klasse und ist auch gerne bereit Extraaufgaben zu übernehmen.

Im Fach **Mathematik** arbeitet Lucas eifrig mit. Oft ist er allerdings übereifrig, sodass er bereits Aufgaben erledigt, die noch nicht besprochen wurden. Dadurch kommt es teilweise zu Missverständnissen und einer fehlerhaften Bearbeitung der Aufgaben. Aus diesem Grund ist es für Lucas von Bedeutung die Aufgabenstellungen klar zu formulieren und durch Rückfragen abzusichern.

Lucas kann geometrische Körper voneinander unterscheiden und diese schon zum Teil mit mathematischen Fachbegriffen beschreiben. Kantenmodelle von Würfeln stellt er selbstständig her. Er ist in der Lage Würfelgebäude nach Vorgabe zu bauen, Baupläne selbstständig schreiben, zu lesen und umzusetzen.

Paul

Sozialverhalten

Paul ist ein bewegungsaktiver, freundlicher Schüler. Er lebt mit seinen Eltern in Halle.

Paul lernt seit Beginn des Schuljahres in dieser Schule und hat sich vor allem durch seine Leidenschaft zum Fußball, die er mit vielen Klassenkammeraden teilt, schnell in seine neue Klasse eingelebt.

Durch die Unterstützung der Pädagogen gelingt es Paul vermehrt Konflikten im Schulalltag aus dem Weg zu gehen. Durch die immanente Visualisierung und Verbalisierung der bestehenden Regeln und ihren Konsequenzen hat er es schnell geschafft die Klassenstrukturen zu verinnerlichen. Er versucht sein Verhalten entsprechend der Klassenregeln zu regulieren. Bei der Verhaltensauswertung am Ende jeder Stunde benötigt Paul zum Teil noch Hilfestellungen der Lehrkraft oder der PM.

Lern- und Arbeitsverhalten

Im Fach **Mathematik** arbeitet Paul nach Aufforderung mündlich und schriftlich mit und beteiligt sich am Unterricht. Paul versteht Arbeitsaufträge. Ermutigungen von den Pädagogen unterstützen Paul dabei die Arbeitsaufträge auch zeitnah umzusetzen. Hilfe fordert Paul selbstständig ein und nutzt dabei auch Selbstkontrollmöglichkeiten oder Hilfekarten.

Paul kann geometrische Körper aufgrund ihres Erscheinungsbildes voneinander unterscheiden. Kantenmodelle von Würfeln stellt er selbstständig her. Er ist in der Lage Würfelgebäude nach Vorgabe zu bauen, Baupläne selbstständig schreiben, zu lesen und umzusetzen. Seine Vorgehensweisen, Lösungswege und Ergebnisse mit Hilfe mathematischer Fachbegriffe zu beschreiben gelingt Paul mit verbalen Hilfestellungen der Lehrkraft.

Toni

Sozialverhalten

Toni ist ein temperamentvoller Junge. Er wohnt als Einzelkind bei seinem Vater. Zur Mutter besteht unregelmäßiger Kontakt.

Toni ist ein fester Bestandteil der Klasse und kennt die bestehenden Regeln. Die Regeleinhaltung kann mittels immanenter und wiederholter Erinnerung an die Regeln, räumlicher Nähe sowie durch konsequente Interventionen bei Regelverstößen unterstützt werden. Es fällt Toni schwer sein Fehlverhalten einzusehen und kritisch zu reflektieren, daher reagiert er auf berechtigte Kritik teilweise unangemessen. Auszeiten können Toni helfen zu einem angemessenen Verhalten zurück zu finden und sich wieder dem Unterricht zu widmen.

Auf ungerechte Behandlung und Überforderung reagiert Toni mit Frustration und Arbeitsverweigerung. Durch intensiven Zuspruch und Unterstützung der Erwachsenen gelingt es ihm aber vermehrt mit diesen Situationen umzugehen.

Lern- und Arbeitsverhalten

Toni beteiligt sich motiviert am Unterrichtsgeschehen, wenn der Lerngegenstand in seinem Interessenbereich liegt. Die Aufmerksamkeitsfokussierung auf den Lerngegenstand wird unterstützt durch die aktive Einbindung seiner Person in das Unterrichtsgeschehen, die Schaffung von Bewegungsangeboten sowie handlungsorientierte Lernangebote. Klassendienste übernimmt Toni gern und mit Unterstützung auch verantwortungsbewusst. Mit Hilfe pädagogischer Impulse ist er in der Lage, Aufgaben unverzüglich zu beginnen und sie durch immanente Bestätigung konzentriert zu bearbeiten. Mittels verbaler Impulse ist Toni in der Lage sich nicht von seinen Mitschülern ablenken zu lassen.

Im Fach **Mathematik** kann Toni geometrische Körper erkennen, benennen, beschreiben und nutzt dabei vermehrt Fachbegriffe. Kantenmodelle von Würfeln stellt er selbstständig her. Er ist in der Lage Würfelgebäude nach Vorgabe zu bauen, Baupläne selbstständig schreiben, zu lesen und umzusetzen.

Literaturverzeichnis

- CORNELSEN SCHULBUCHVERLAGE (2005): Ich rechne mit! 3, Volk und Wissen, Berlin

- FUCHS, M./ KÄPNICK, F. (2009): Grundwissen Mathematik 1-4, Cornelsen Verlag, Berlin

- GAWERT, M.: Tangram – nur eine Spielerei? In: Praxis Grundschule 3/2000, S.28 f

- GELLERT, W. (Hrsg.) (1969): Kleine Enzyklopädie Mathematik, Pfalz Verlag Basel, Basel

- GOYDKE, B. / ZODER, S.: Tangram – Spiele. In: Praxis Grundschule 9/1985, S.47 f

- HESEMANN, S./HESEMANN, D. (1999): Unterrichtsideen. Geometrische Körper entdecken. Unterrichtskartei mit 76 Kopiervorlagen. Klett Verlag, Leipzig [u.a.]

- HILLENBRAND, C. (2003): Didaktik bei Unterrichts- und Verhaltensstörungen, Reinhardt, München [u.a.]

- KULTUSMINISTERIUM SACHSEN-ANHALT (2007): Fachlehrplan Grundschule Mathematik

- KULTUSMINISTERIUM SACHSEN-ANHALT (2007): Lehrplan Grundschule Sachsen-Anhalt Grundsatzband

- MEYER, H. (2007): Leitfaden zur Unterrichtsvorbereitung, Berlin: Cornelsen.

- RADATZ, H. / RICKMEYER,K (1991): Handbuch für den Geometrieunterricht an Grundschulen. Schroedel Verlag GmbH, Hannover

- RADATZ, H. / SCHIPPER, W. (1983): Handbuch für den Mathematikunterricht an Grundschulen. Schrödel Schulbuchverlag, Hannover

- RADATZ, H./ SCHIPPER, W. (1999): Handbuch für den Mathematikunterricht 2. Schuljahr. Schrödel Verlag, Hannover

- SCHIPPER, W. (2009): Handbuch für den Mathematikunterricht, Schrödel, Braunschweig

- WIATER, W. (2001): Unterrichtsprinzipien, Auer, Donauwirth

- Seminaraufzeichnungen HS, FR und Fach

Bildquellen

- Microsoft Office Word 2007

- Zusatzaufgaben: www.mathemonsterchen.de (Stand 05.10.2015)

- Piktogramme Dienste: www.zaubereinmaleins.de (Stand 05.10.2015)

- Würfel: http://media.4teachers.de/images/thumbs/image_thumb.1606.png (Stand 05.10.2015)

- Wortspeicher: http://pikas.dzlm.de/material-pik/herausfordernde-lernangebote/haus-7-unterrichts-material/bauen-mit-wrfeln/index.html (Stand 03.10.2015)

- Würfelgebäude und Bauplan Sachanalyse:

  http://www.google.de/imgres?imgurl=http%3A%2F%2F3.bp.blogspot.com%2F-ShG86SMczuI%2FUwirKva4djI%2FAAAAAAAAAYc%2FKYslc4H3RCg%2Fs1600%2F3%252BABs%252BW%2525C3%2525BCrfelgeb%2525C3%2525A4ude.png&imgrefurl=http%3A%2F%2Ffraulocke-grundschultante.blogspot.com%2F2014%2F02%2Fwurfelgebaude.html&h=821&w=961&tbnid=LK2Y6SRi1llHfM%3A&docid=nVKh_XTZ62WiEM&ei=a-0AVuTFFsTsauKllbgO&tbm=isch&iact=rc&uact=3&dur=191&page=1&start=0&ndsp=58&ved=0CGMQrQMwFWoVChMIpKfutfqJyAIVRLYaCh3iUgXn (Stand 05.10.2015)

Verlaufsplanung der Stunde

Did. Phase / Inhalt / Begründung	Lehrer/SchülerInnen-Tätigkeit TZO/TZK/MO	Begründung der Methode	Begründung der Sozialform	Begründung der Medien	Begründung der Differenzierungsangebote/ IZ
HI Begrüßungsritual, Einordnung der Stunde in die Einheit, Vorstellung des Stundenverlaufes, dient dem Herstellen einer Lernbereitschaft, schaffen einer Transparenz für den Ablauf der Stunde und der Zielorientierung	L. beginnt die Stunde mit dem Läuten einer Klingel und eröffnet die Stunde durch ein Klatschritual L. stellt Sch. die Gäste vor. TZO1 L. bestimmt Dienste der Klasse (Stundenfahrplanwächter, Ruhewächter, Zeitwächter, Lehrerhelfer). Sch. übernehmen Dienste. TZK 1 erfolgt während des gesamten Unterrichts durch L. und PM TZO6 Wiederholung der Verhaltensregeln im Unterricht L. erinnert an Token "Ruheglas" TZO4 Festlegung eines Schwerpunkts für diese Stunde: Ich arbeite mit. ZO/MO Rückblick auf die letzten Stunden anhand des Lernweges. Ausblick auf das Ziel der Einheit: Schule nachbauen und Würfelbaumeister werden. L. zeigt Bild von einem schiefen Haus. Sch. vermuten, warum das Haus so schief ist. L. erklärt, dass der Architekt den Bauplan falsch geschrieben hat. Stundenziel: Bauen von Würfelgebäuden und das Schreiben von Bauplänen üben, damit den Sch. das nicht auch passiert. L. bespricht mit den Sch. den Stundenfahrplan an der Tafel.	Ip (Auditiver Impuls), dient der Fokussierung der Aufmerksamkeit Stundeneröffnungsritual, verdeutlicht den Schülern den Unterrichtsbeginn Prinzip der Ritualisierung (Meyer) Gch, dient dem Einordnen der Stunde in die Einheit, der Strukturierung der Stunde, der Zielorientierung und der Reaktivierung von Vorwissen Prinzip der ZO/Motivierung (WIATER) Prinzip des aktiven Lernens (PIAGET)	frontal, um einen ritualisierten Stundenbeginn zu gewährleisten und die Aufmerksamkeit der Sch. auf den Lerngegenstand zu fokussieren	Bild „Schiefes Haus", dient der Veranschaulichung des mathematischen Ausgangsproblems und der Zielorientierung Lernweg, um Ablauf und Ziel der Einheit zu visualisieren Stundenfahrplan, dient der Visualisierung und der Transparenz des Stundenverlaufs Piktogramme Dienste, Piktogramme Verhaltensregeln, dient der Visualisierung und der Transparenz	IZ 2: Hinweis für Fabio sich leise an den Platz zu begeben. Absprache mit Fabio, dass er heute einen extra Ruhestein verdienen kann, wenn er im Unterricht leise mitarbeitet. Fabio wird der Ruhewächter. IZ 1: Hinweis für Kevin sich schon an den Platz zu begeben. Kevin wird Stundenfahrplanwächter. -SchülerInnen, die zusätzliche Bewegungsimpulse benötigen, übernehmen Dienst des Lehrerhelfers und des Zeitwächters IZ2: Fabio wiederholt die Verhaltensregeln, um sich an ihnen während des Unterrichtsverlaufs besser orientieren zu können. -SchülerInnen, die wenig Geduld haben, dürfen zuerst ihre Vermutungen zum "Schiefen Haus" mitteilen IZ1: Kevin stellt den Stundenfahrplan vor. Hinweis an Kevin gut auf den Verlauf der Stunde zu achten, um Amt verantwortungsvoll auszuführen.

W 1	TZO2 über Stundenfahrplan MO	SÜg, dient der Sicherung des Ausgangsniveaus sowie der Reaktivierung des	frontal, um die Aufmerksamkeit der Sch. zu fokussieren	Geomag, dient der Visualisierung der Eigenschaften eines Würfels	IZ2: Fabio ggf. auf Ruhe während der Arbeitsphase sowie auf sein Amt als Ruhewächter und die gemeinsame Absprache hinweisen.
Tägliche Übung **Sch. setzen einen Würfel zusammen und nennen die Eigenschaften des Würfels,** dient der Sicherung des Ausgangsniveaus, der Schaffung einer einheitlichen Lernausgangslage, Reaktivierung des Vorwissens, sowie der Festigung des Lerninhalts der vergangenen Stunden.	L. weist darauf hin, dass man als Würfelbaumeister sein „Baumaterial" (den Würfel) genau kennen muss.	Vorwissens zum Körper Würfel **Prinzip der Aktivierung (Opp), Prinzip der Wiederholung (Wiater)**		**Wortspeicher,** dient als Unterstützung des richtigen Gebrauchs der Fachbegriffe sowie der Visualisierung der Fachbegriffe	-Emely, Darius, Jason und Jan erhalten genau die Bauteile, die man für den Bau eines Würfels benötigt, um ihnen das Zusammensetzen der Einzelteile zu erleichtern
	L. erklärt die Aufgabe „Setze aus den Magnetteilen einen Würfel zusammen und nenne anschließend die Eigenschaften eines Würfels!"				-Der Rest der Klasse erhält mehr Bauteile, um den Schwierigkeitsgrad zu erhöhen. Die Sch. wenden damit die Eigenschaften des Würfels an, indem sie die richtige Auswahl an Würfelbauteilen treffen
	L. teilt Einzelteile des Würfels aus.			**Prinzip der Veranschaulichung (SCHRÖDER)**	-Zeitwächter stellt die Zeit für diese Übungsphase ein, dies dient der Schaffung eines Bewegungsimpulses
	Sch. setzen Einzelteile zu Würfel zusammen und benennen anschließend im Plenum die Eigenschaften eines Würfels.	**Gch,** dient der Zusammenfassung der Arbeitsergebnisse und der Absicherung der Lernausgangslage	**frontal,** um Lernzuwachs zu verdeutlichen und nächsten Schritt im Stundenablauf transparent zu machen	**Stundenfahrplan,** dient der Visualisierung des Stundenverlaufs	IZ1: Kevin beschreibt seine Vorgehensweise beim Bau des Würfels.
					Verweis auf den Wortspeicher durch L.
	TZK2 erfolgt durch L. und PM				-SchülerInnen, die wenig Geduld haben, dürfen zuerst Eigenschaften des Würfels nennen
	Sch. hakt den ersten Punkt am Stundenfahrplan ab				SchülerInnen werden ggf. auf den richtigen Gebrauch der Fachbegriffe hingewiesen: -ggf. Hinweise auf den Wortspeicher an der Tafel -ggf. individuelle Unterstützung der Sch. durch L. und PM durch Vorgabe von Begriffen oder Satzstrukturen
					-Verstärkung pos. Verhaltens durch Lob von L. und PM
					IZ1: Kevin hakt am Stundenfahrplan ab, um Teilzielerfolg zu verdeutlichen (Bewegungsimpuls) Pos. Rückmeldung zur Ausführung des Dienstes, um seinen Selbstwert zu fördern.

W 2	TZO3 MO	Gch, dient der Wiederholung der Unterrichtsinhalte und der Absicherung der Lernausgangslage	frontal, um die Aufmerksamkeit der Sch. zu fokussieren	Tafel, um die Schreibweise eines Bauplans sowie die Bauregeln zu wiederholen	IZ2: Fabio erläutert die Schrittfolge bei der Erstellung eines Bauplans, um seine Aufmerksamkeit zu fokussieren und seine Handlungssicherheit beim Schreiben von Bauplänen zu fördern.
Tafelarbeit **Sch. wiederholen die Bauregeln und erklären, wie ein Bauplan erstellt wird,** dient der Schaffung einer gemeinsamen Lernausgangslage sowie der Reaktivierung des Vorwissens	L. erinnert an das Einheitsziel das Schulgebäude nachzubauen und verweist darauf, dass man dazu einen Bauplan schreiben können muss. L. wiederholt mit Sch. die Schreibweise eines Bauplans sowie die Bauregeln an der Tafel anhand eines Beispiels. Sch. hakt den zweiten Punkt am Stundenfahrplan ab			**Prinzip der Veranschaulichung (SCHRÖDER)** **Würfelgebäude,** dient der exemplarischen Veranschulichung der Erstellung eines Bauplans **Bauregeln,** dient der Visualisierung **Stundenfahrplan,** dient der Visualisierung des Stundenverlaufs	(ggf. Hinweis auf den Wortspeicher an der Tafel) -Die Aufmerksamkeit der SchülerInnen durch Beobachtungsauftrag "Prüfe, ob die Schrittfolge korrekt ist!" auf den Lerngegenstand fokussieren - Unaufmerksame SchülerInnen ggf. direkt in die Tafelarbeit einbeziehen: "Hast du einen Tipp worauf man noch beim Schreiben eines Bauplans achten muss?" -Bauregeln ggf. durch die Demonstration mit Baumaterial (durch L.) veranschaulichen IZ1: Kevin hakt am Stundenfahrplan ab, um Teilzielerfolg zu verdeutlichen (Bewegungsimpuls)
W 3	MO	Gch: dient der Absicherung des Aufgabenverständnisses, zur Herstellung einer Lernbereitschaft und der Klärung von Fragen zur Übung **Prinzip der Strukturierung (Schröder)**	frontal, um das Aufgabenverständnis abzusichern	**Holzwürfel, Unterlage für Würfelbegäude, Arbeitsblatt** **Bauplan,** dient dem individuellen Arbeiten am Lerngegenstand	IZ2: Lehrerhelfer teilt Arbeitsmaterialien aus (Bewegungsimpuls) -Kleinschrittige Handlungsplanung sowie Wdh. der Aufgabenstellung durch Kevin (IZ1), um das Verständnis aller SchülerInnen für die Aufgaben abzusichern
Übung **Sch. bauen ein Würfelgebäude und schreiben einen passenden Bauplan** dient dem Wiederholen und weiteren Üben des Lerninhalts	L. ist gespannt, wer fleißig übt, ein guter Würfelbaumeister wird und beim Bau des Schulgebäudes unterstützen kann. **TZO3/TZO4** L. erklärt die Aufgabenstellung der Übung „Baue ein beliebiges Würfelgebäude und schreibe den passenden Bauplan dazu. Wenn du fertig bist, lasse von L. oder Experten kontrollieren und bau ein weiteres Gebäude oder bearbeite eine Zusatzaufgabe." L. teilt Experten ein. **TZO5** L. bespricht Ablauf und Regeln der Übung mit Sch. und weist auf die gegenseitige Rücksichtnahme hin. Sch. wiederholt Aufgabenstellung.			**Tippkarten, Joker, Bauregeln,** **Zusatzaufgaben,** um ein selbstständiges Arbeiten zu ermöglichen und ein differenziertes Lernangebot anzubieten	-Zeitwächter stellt die Zeit für diese Übungsphase ein, dies dient der Verantwortungsübernahme, Fokussierung der Aufmerksamkeit, Schaffung eines Bewegungsimpulses IZ2: Hinweis für Fabio auf Ruhe zu achten. -Jokerkarten für Emely, Jan und Darius an ihren Plätzen, um ihnen durch weitere Tipps das Schreiben eines Bauplans zu erleichtern -Differenzierung bei der Bauunterlage und der Anzahl der Holzwürfel (siehe Anhang)

Phase	Handlungsschritte	Sozial-/Aktionsform & Prinzip	Medien	Didaktisch-methodischer Kommentar
	L. bittet Ruhewächter auf Ruhe während der Übung zu achten. Lehrerhelfer verteilt Arbeitsmaterial (Holzwürfel, Bauunterlage). Sch. arbeiten selbstständig und nutzen ggf. Tippkarten oder Hilfeangebote durch L., PM und Experten. **TZK3/TZK4** durch L., PM und Experten Sch. die vor Ablauf der Übungszeit fertig sind, bearbeiten Zusatzaufgaben. L. beendet Arbeitsphase durch akustisches Signal Sch. ordnen ihre Arbeitsplätze. **TZK5** erfolgt unterrichtsimmanent durch L. und PM L. gibt gemeinsam mit Ruhewächter kurzes Feedback zur Partnerarbeit. Sch. hakt den dritten Punkt am Stundenfahrplan ab	**SÜg**: dient der selbstständigen Auseinandersetzung mit dem Lerngegenstand **Prinzip der Differenzierung (Wiater) Prinzip der Selbsttätigkeit (Wiater)** **Ip (Auditiver Impuls)**, dient der Fokussierung der Aufmerksamkeit	**Glocke**, dient als akustisches Signal zum Beenden der Übung **Stundenfahrplan,** dient der Visualisierung des Stundenverlaufs **EA,** dient dem individuellen und konzentrierten Arbeiten am Lerngegenstand sowie der Reduzierung der Ablenkbarkeit **frontal,** um die Arbeitsphase zu beenden und den nächsten Schritt im Stundenablauf transparent zu machen	-Schülerinnen werden ggf. auf die selbstständige Nutzung der Tippkarten hingewiesen -Zusatzaufgaben mit unterschiedlichen Schwierigkeitsstufen für Schülerinnen, die vor dem Ablauf der Übungszeit fertig sind, dienen einem differenzierten Lernangebot -Jonas und Kevin (IZ1) werden nach der Fertigstellung der Aufgabe zu Experten und kontrollieren die Baupläne der Schülerinnen bzw. helfen anderen Schülerinnen bei Fragen -ggf. individuelle Unterstützung der Schülerinnen durch L. und PM sowie positive Verstärkung (Lob) durch L. und PM -Unruhige Schülerinnen erhalten ggf. Unterstützung in Form von individueller Zuwendung und zeitnahem Loben **IZ2:** Fabio erhält von L. oder PM ggf. Hinweise sich auf Lerngegenstand zu konzentrieren. Auswertung der Arbeitsphase mit Feedback durch Fabio als Ruhewächter (Verantwortungsübergabe) **IZ1:** Kevin hakt am Stundenfahrplan ab (Bewegungsimpuls), lenkt Aufmerksamkeit auf den Stundenverlauf
Z 1 **L. und Sch. reflektieren den Arbeitsprozess und besprechen mögliche Schwierigkeiten beim Schreiben eines Bauplans,** dient dem Zusammentragen und Überprüfen der Ergebnisse und der Absicherung des Lernerfolgs	Rückblick zum Stundenbeginn. L. zeigt Bild vom schiefen Haus erneut und fragt nach den Erfahrungen der Sch. und der Experten beim Schreiben ihrer Baupläne. Sch. reflektieren ihre Arbeitsergebnisse. L. verbalisiert Lerzuwachs der Sch. Sch. hakt den dritten Punkt am Stundenfahrplan ab	**Ip (Bild)**, dient der Lenkung des Lernvorgangs und der Motivation **Gch,** dient des Sicherung des erworbenen Wissens und der fachlichen Zusammenfassung am Lerninhalt **Prinzip der Lernerfolgssicherung (Wiater)**	**Bild „Schiefes Haus",** dient der Veranschaulichung des mathe-matischen Ausgangsproblems und der Ziel-erreichung **Stundenfahrplan** an der Tafel dient der Visualisierung des Stundenverlaufs **frontal,** um die Aufmerksamkeit der Sch. zu fokussieren	-ggf. Hinweise auf den Wortspeicher, um bei Formulierungen zunehmend mathematische Fachbegriffe zu verwenden **IZ1/IZ2:** Einbeziehung von Fabio und Kevin in das Unterrichtsgespräch, um ihre Aufmerksamkeit zu fokussieren -Unruhige Schülerinnen erhalten zuerst die Möglichkeit sich zu Erfahrungen zu äußern **IZ2:** ggf. Fabio an die Absprache erinnern. **IZ1:** Kevin hakt am Stundenfahrplan ab (Bewegungsimpuls)

Z 2 Mündliche Zusammenfassung der Stunde, Verbalisieren des Lerzuwachses, Ausblick für die nächsten Stunden, Verhaltens-auswertung dient dem ritualisierten Stundenende mit inhaltlicher Reflexion des Gelernten sowie Selbsteinschätzung und Fremdfeedback hinsichtlich des Arbeits- und Lernverhaltens	L. und Sch. fassen die Stunde inhaltl. zusammen und überprüfen gemeinsam anhand des Stundenfahrplans, ob das Stundenziel erreicht wurde L. erklärt anhand des Lernplakates den Inhalt der nächsten Mathematikstunde TZO6 Sch. reflektieren ihr Arbeits- und Sozialverhalten und ordnen dies in eine Skala ein (jeweils 1Pkt. für Ordnung, Mitarbeit, Verhalten) TZK6 Feedback zur Verhaltenseinschätzung durch L. und PM. Sch. tragen ihre Punkte in ihren Tokenhefter ein. „Ruhewächter" entscheidet, ob ein Stein in das Ruheglas getan wird . Sch. hakt den letzten Punkt am Stundenfahrplan ab. L. beendet die Stunde.	Gch, dient der Zusammenfassung der Unterrichtsinhalte Prinzip der Lernerfolgssicherung (Wiater), Prinzip der Erfolgsbestätigung (Schröder) Gch, dient der Anbahnung einer realistischen Selbsteinschätzung. Verstärkung positiver Verhaltensweisen, Motivation für positives Sozialverhalten sowie einem ritualisierten Stundenende Prinzip der Ritualisierung (Meyer)	frontal, um die Aufmerksamkeit der Sch. zu fokussieren und einen ritualisierten Stundenausklang zu ermöglichen	Lernweg, zur Visualisierung der Zielerreichung und Motivation Stundenfahrplan, dient der Visualisierung und Transparenz des Stundenverlaufs Tokenhefter, dient der Transparenz, dem Festhalten der Einschätzungen der Schüler, um auf diese jederzeit und v.a. bei Ermittlung des Wochensiegers zurückgreifen zu können Ruheglas, dient der Motivierung und Belohnung	-Individuelle Einschätzung wird unterstützt durch Hinweise/Verbalisierung von Beobachtungen durch PM und L. -Besonders positiv aufgefallene/r SchülerIn darf Punkte der SchülerInnen in Punkteplan der Lehrkraft übertragen, dient der Übergabe von Verantwortung und der Ermutigung IZ1: Feedback zur Tätigkeit des Stundenfahrplanwächters, Verstärkung pos. Verhaltens durch Lob, Förderung Selbstvertrauen IZ2: Rückmeldung zu Förderzielen, Verstärkung pos. Verhaltens durch Lob

Didaktische Reserve:

- Die Arbeitsphase W3 wird verlängert, sodass Sch. weitere Zusatzaufgaben lösen können
- Sch. stellen die Lösung der Zusatzaufgaben vor (in Phase Z1)

Abkürzungsverzeichnis:

EA	Einzelarbeit	Ip	Impuls	PA	Partnerarbeit	TZ	Teilziel
Hi	Hinführung	IZ	Individualziel	PM	Pädagogische Mitarbeiterin	TZK	Teilzielkontrolle
Gch	Gespräch	L	Lehrkraft im Vorbereitungsdienst	Süg	Schülerübung	W	Wiederholung
ggf.	gegebenenfalls	MO	Motivation	TZO	Teilzielorientierung	Z	Zusammenfassung

Sequenzen der Einheit

	Themen-schwerpunkt	Lerninhalt	Inhaltsbezogene Kompetenzen	Prozessbezogene Kompetenzen	Std.
1	Körper	**Begriffe:** Körper, Würfel, Quader, Kegel, Kugel, Pyramide, Zylinder, Ecke, Kante, Seitenfläche, Kreis, Rechteck, Quadrat, Dreieck	Sch. erkennen geometrische Körper in ihrer Umwelt wieder und ordnen sie den entsprechenden geometrischen Fachbegriffen zu. Sch. kennen den Unterschied zwischen „Fläche" und „Körper" anhand ihrer Eigenschaften und beschreiben diese. Sch. können Körper und ebene Figuren nach verschiedenen Eigenschaften sortieren, die entsprechenden Fachbegriffe zuordnen, gruppieren, Oberbegriffe nennen und systematisieren.	**Kommunizieren und Argumentieren:** Sch. beschreiben geometrische Körper und verwenden mathematische Fachbegriffe sachgerecht (Würfel, Fläche, etc.). **Modellieren:** Sachverhalte aus der Umwelt aufgreifen und mit mathematischen Mitteln beschreiben. **Problemlösen:** Sch. klassifizieren Alltagsgegenstände hinsichtlich ihrer geom. Form.	2
2	Der Würfel	**Begriffe:** Würfel, Fläche, Ecke, Kante, senkrecht, parallel, Quadrat, rechter Winkel **Verfahren:** - Netz eines Würfels herstellen - Kantenmodelle eines Würfels herstellen	Sch. erkennen die Eigenschaften eines Würfels hinsichtlich seiner Flächen, Ecken und Kanten. Sch. erkennen einen Würfel in der Umwelt wieder. Sch. stellen Kantenmodelle und Netze eines Würfels her und untersuchen diese nach Eigenschaften des Würfels. Sch. orientieren sich im Raum und ordnen Würfelnetze passenden Würfeln zu.	**Kommunizieren und Argumentieren:** Sch. stellen Vermutungen auf, finden Begründungen und überprüfen diese. Sch. stellen ihre Lösungs- und Lösungswege sprachlich dar. **Problemlösen:** Sch. verfolgen Lösungen und Lösungswege kritisch und ziehen aus Fehlern Schlussfolgerungen. Sch. überprüfen Lösungen auf Plausibilität.	4
3	Würfelgebäude und ihre Baupläne	**Begriffe:** Bauplan, Würfel, Grundriss, Würfelgebäude, Vorderansicht, Seitenansicht, Draufsicht Lagebeziehungen: oben, unten, rechts, links, davor, dahinter, zwischen **Verfahren:** - Bauplan zu Würfelgebäude schreiben -Würfelgebäude nach Bauplan bauen	Sch. bauen eigenständig Würfelgebäude frei oder nach mündlicher Vorgabe. Sch. lesen und schreiben Baupläne und bauen Würfelgebäude (mit wachsender Anzahl von Würfeln) nach Bauplänen bzw. nach Schrägbildern. Sch. vergleichen Bauwerke mit Hilfe von Bauplänen miteinander und ordnen Baupläne den passenden Würfelgebäuden zu. Sch. beschreiben räumliche Lage von einzelnen Würfeln in Würfelgebäuden. Sch. fertigen einen Bauplan zu einem Realgebäude an und bauen es als Würfelgebäude nach.	**Kommunizieren und Argumentieren:** Sch. beschreiben Würfelgebäude sowie die räumliche Lage von einzelnen Würfeln in Würfelgebäuden. Sch. beschreiben Lösungen und Vorgehensweisen mit eigenen Worten. **Modellieren:** Sch. gewinnen Daten zum Bau eines Würfelgebäudes durch Zählen. Sch. übersetzen zweidimensionale Abbildungen in dreidimensionale Würfelgebäude und umgekehrt.	4./6
4	Lernzielkontrolle				2

BEI GRIN MACHT SICH IHR WISSEN BEZAHLT

- Wir veröffentlichen Ihre Hausarbeit,
  Bachelor- und Masterarbeit

- Ihr eigenes eBook und Buch -
  weltweit in allen wichtigen Shops

- Verdienen Sie an jedem Verkauf

Jetzt bei www.GRIN.com hochladen und kostenlos publizieren